O LIVRO DAS COINCIDÊNCIAS
A MISTERIOSA HARMONIA DOS PLANETAS

John Martineau

Tradução: Jussara Almeida de Trindade

Copyright © Wooden Books Limited 2001
Published by arrangement with Alexian Limited
Copyright desta edição © 2015 É Realizações
Título original: *The little book of coincidence in the solar system*

Editor | Edson Manoel de Oliveira Filho

Produção editorial | É Realizações Editora

Preparação e revisão de texto | William C. Cruz

Projeto gráfico e capa | Mauricio Nisi Gonçalves e André Cavalcante Gimenez

Reservados todos os direitos desta obra. Proibida toda e qualquer reprodução
desta edição por qualquer meio ou forma, seja ela eletrônica ou mecânica, fotocópia,
gravação ou qualquer outro meio de reprodução, sem permissão expressa do editor.

Cip-Brasil. Catalogação na Fonte
Sindicato Nacional dos Editores de Livros, RJ

M334L
   Martineau, John,
   O livro das coincidências : a misteriosa harmonia dos planetas /
John Martineau; tradução Jussara Almeida Trindade. - 1. ed. - São Paulo :
É Realizações, 2015.
   64 p. : il. ; 15 cm.

   Tradução de: A little book of coincidence
   ISBN 978-85-8033-205-6

   1. Astronomia. 2. Sistema solar. 3. Planetas. I. Título.

15-24929   CDD: 523.1
                                                                    CDU: 524

23/07/2015   23/07/2015

É Realizações Editora, Livraria e Distribuidora Ltda.
Rua França Pinto, 498 · São Paulo SP · 04016-002
Caixa Postal: 45321 · 04010-970 · Telefax: (5511) 5572 5363
atendimento@erealizacoes.com.br · www.erealizacoes.com.br

Este livro foi impresso pela Edições Loyola em agosto de 2015. Os tipos são da família Weiss BT, Trajan Pro, Fairfield LH
e Brioso Pro. O papel do miolo é off white norbrite 66g, e o da capa, cartão supremo cartão ningbo star 250g.

Sumário

Introdução	5
Poeira galáctica	6
O sistema solar	8
Movimento retrógrado	10
O antigo segredo dos setes	12
Geocêntrico ou heliocêntrico	14
A visão de Kepler	16
A música das esferas	18
A lei de Titius-Bode e os sínodos	20
Entendendo o sentido das imagens	22
Os planetas internos	24
As órbitas de Mercúrio e de Vênus	26
O beijo de Vênus	28
A beleza perfeita de Vênus	30
Mercúrio e Terra	32
O casamento alquímico	34
A magia do calendário	36
Futebol cósmico	38
O cinturão de asteroides	40
Os planetas externos	42
Quatro	44
Luas externas	46
O selo gigante de Júpiter	48
O relógio de ouro	50
Oitavas lá fora	52
Geometria galáctica	54
A assinatura estrelada	56
Sol e planetas	58
Luas	58
Danças dos planetas	60
Notas da tradutora	63

Um conjunto útil de glifos para os planetas, desenhados pelo calígrafo
Mark Mills, cada um deles feito de Sol, Lua e Terra, e utilizados ao longo deste livro.

Introdução

Hoje, pensa-se que a vida biológica apareceu no planeta não muito depois de sua formação. Parece que as sementes de bactérias para esse processo podem ter chegado à Terra na cauda de um cometa ou meteoro. Novamente, é abundante a especulação sobre a existência de vida sob a superfície de Marte, na lua gelada de Júpiter – Europa – e, na verdade, em qualquer lugar que se tenha conhecimento da existência dessa substância sagrada que é a água em estado líquido.

A ciência do cosmos mudou imensamente desde as visões grega e medieval dos círculos de esferas planetárias. Mas, com os grandes esquemas esotéricos fora de moda e com dragões e unicórnios abandonados, a Terra tornou-se um mistério moderno. Por que o Sol e a Lua parecem ter o mesmo tamanho no céu? Não parece estranho? Há respostas antigas a perguntas como essa, que pressupõem algum tipo de perfeição na criação, e elas frequentemente invocam as artes liberais da música e da geometria.

Este livro não é apenas outro guia de bolso sobre o nosso sistema solar, pois sugere que pode haver relações fundamentais entre espaço, tempo e vida que ainda precisam ser compreendidas. Hoje em dia, varremos os céus tentando escutar sinais de rádio inteligentes e procurando outros planetas semelhantes ao nosso. Enquanto isso, nossos vizinhos planetários mais próximos criam os padrões mais requintados ao nosso redor, no espaço e no tempo, e nenhum cientista explicou ainda exatamente o porquê. É tudo *mera coincidência*, ou talvez os padrões expliquem os cientistas...

Poeira Galáctica
O universo bem afinado

Há muita coisa acontecendo no universo. Há tantas galáxias repletas de estrelas apimentando a bolha de nosso horizonte espaço-temporal quanto grãos de areia na praia. Há tantas estrelas no universo visível quanto grãos de areia na Terra. Nosso planeta e nós mesmos somos feitos de uma poeira estelar fumegante que se reorganizou, um fato muito ensinado por culturas antigas. Sabemos hoje que a própria poeira estelar é simplesmente feita de efervescência gasosa, cintilantes redemoinhos de luz altamente sintonizados, há muito espremidos no interior das estrelas. Vivemos entre o pequeno e o grande, em um tempo e lugar no universo onde as coisas se condensaram, cristalizaram, foram construídas, sintonizadas e estabelecidas.

A ciência ainda não sabe se a vida consciente é rara ou comum no universo. Quão especiais somos nós e nossa Terra? Curiosamente, os cientistas hoje estão intrigados com o estranho fato de que todo o universo parece especial. De forma *precisa*, há material suficiente no universo para isso; e as relações entre as forças fundamentais e as constantes físicas parecem *especificamente* sintonizadas para produzir um universo incrivelmente complexo, belo e duradouro. Mexa com qualquer uma delas, ainda que de leve, e você terá um universo de buracos negros, efervescências insubstanciais ou outros cenários sem vida. Isso é projetado ou mera coincidência?

A história da busca de ordem, padrão e significado no cosmos é muito antiga. Há muito se suspeita que os planetas de nosso sistema solar escondem relações secretas. Na Antiguidade, aqueles que estudavam tais coisas ponderavam sobre a "música das esferas", os corpos celestes que cantavam suas harmonias perfeitas e sutis aos peritos. Hoje temos a simples precisão das leis de Kepler, de Newton e de Einstein.

Quem sabe o que virá a seguir?

O SISTEMA SOLAR
Espirais em toda parte

Nosso sistema solar parece ter-se condensado a partir dos escombros de uma versão anterior, cerca de 5 bilhões de anos atrás. Um sol incendiou-se no centro, e os materiais remanescentes foram atraídos uns pelos outros, de modo a formar pequenos asteroides rochosos. Gases mais leves foram soprados pelo vento solar e condensaram-se como quatro gigantes de gás – Júpiter, Saturno, Urano e Netuno –, enquanto no interior do sistema solar outros asteroides se transformavam em planetas, com as últimas peças voando para seus lugares com mais e mais energia, conforme os tamanhos aumentavam (muitos ainda possuem núcleos fundidos até hoje, devido a essas colisões). Por fim, as coisas se tornaram o que são agora. Nosso sistema solar acabou por assumir a forma de um disco estável, um formato que hoje sabemos ser relativamente raro.

O plano do sistema solar está inclinado cerca de 60 graus em relação ao plano da galáxia, de modo que os planetas de fato espiralam-se no seu caminho ao redor do braço da Via Láctea. A imagem ao lado (*figura superior, a partir de Windelius & Tucker*) é um esquema dos movimentos dos quatro planetas internos.

Outra maneira de retratar o sistema solar é pensar no espaço-tempo como uma folha de borracha, com o Sol como uma bola pesada e os planetas como bolinhas de gude colocadas sobre ela (*figura inferior, imagem ao lado, a partir de Murchie*). Este é o modelo de Einstein para a forma como a matéria dobra o espaço-tempo, e ajuda a visualizar a força da gravidade entre as massas. Se agitarmos uma pequena ervilha sem atrito sobre nossa folha, ela pode ser facilmente capturada por uma das bolinhas de gude; também pode girar pela folha algumas vezes e ser cuspida para fora; ou pode estabelecer-se em uma órbita elíptica, girando rápido no meio de qualquer dos buracos de minhoca. Como um planeta, quanto mais longe a ervilha se move dentro do funil, mais rápido ela tem de girar a fim de impedir-se a si mesma de cair no tubo. Além disso, quanto mais rápido gira, mais pesada fica e, assim, seus relógios correm um pouco mais lentamente.

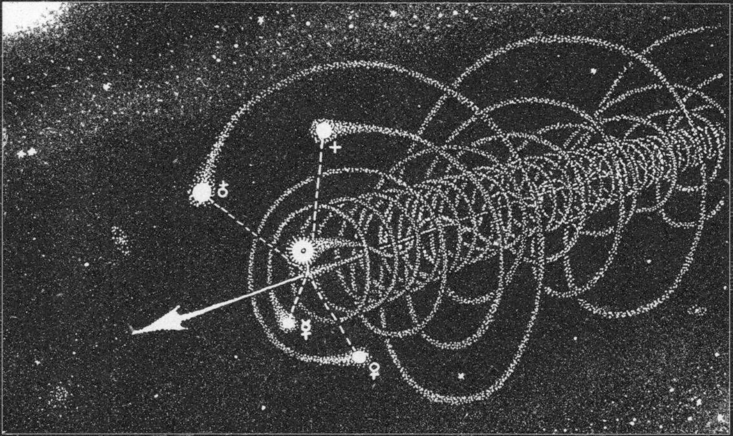

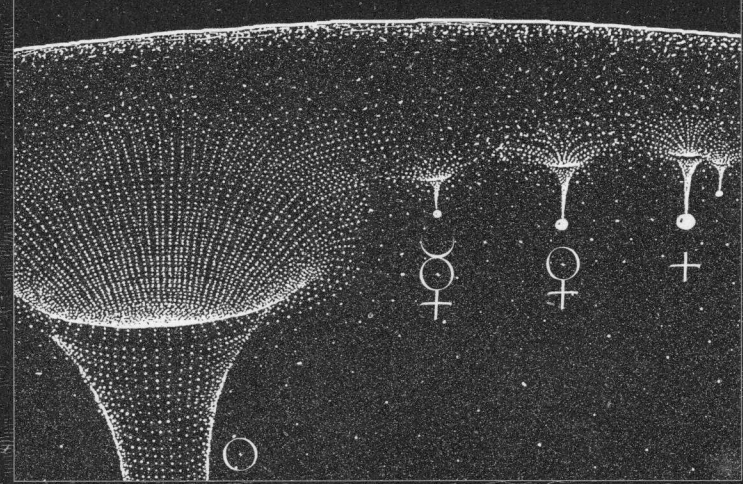

Movimento retrógrado
Correndo e beijando por aí

Quem quer que observe o céu a olho nu perceberá que, além do Sol e da Lua constantemente em movimento, há cinco estrelas *errantes*, os cinco planetas da antiguidade. Estes, somados aos planetas recém-descobertos, parecem mover-se em torno da terra *grosso modo* de acordo com o círculo anual do Sol, a *eclíptica* ou *zodíaco*. Se a vida fosse simples assim! Observe os planetas por qualquer período de tempo e perceba que, longe de se moverem de forma simples, eles oscilam como abelhas embriagadas, dançando e rodopiando. Conforme dois planetas passam um pelo outro, ou se beijam, eles aparentam, por determinado período de tempo, estar retrocedendo ou indo para trás em direção às estrelas. Rodopiar enquanto gira uma pedra numa corda do comprimento do braço dará uma ideia.

O diagrama abaixo mostra o padrão, como pode ser visto da Terra, realizado por Mercúrio em torno do Sol, monitorado ao longo de um ano (*a partir de Schultz*). Na imagem ao lado, vemos o esboço de Cassini,[1] do século XVIII, para os movimentos de Júpiter e Saturno, conforme vistos da Terra. Em tempos antigos, sistemas extremamente complexos de círculos e rodas foram desenvolvidos para tentar imitar esses movimentos planetários (*figura inferior, imagem ao lado*), culminando com o sistema de Ptolomeu, criado há mais de 2 mil anos e composto por 39 *deferentes* e *epiciclos*, usados para modelar os movimentos dos sete corpos celestes.

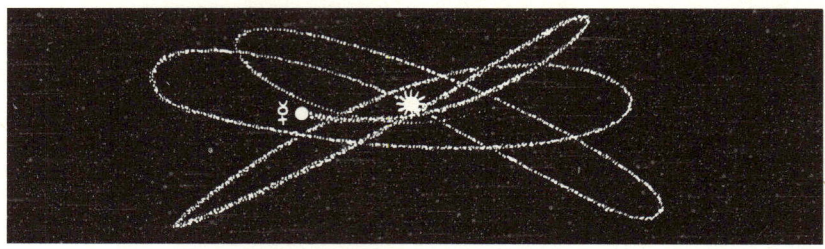

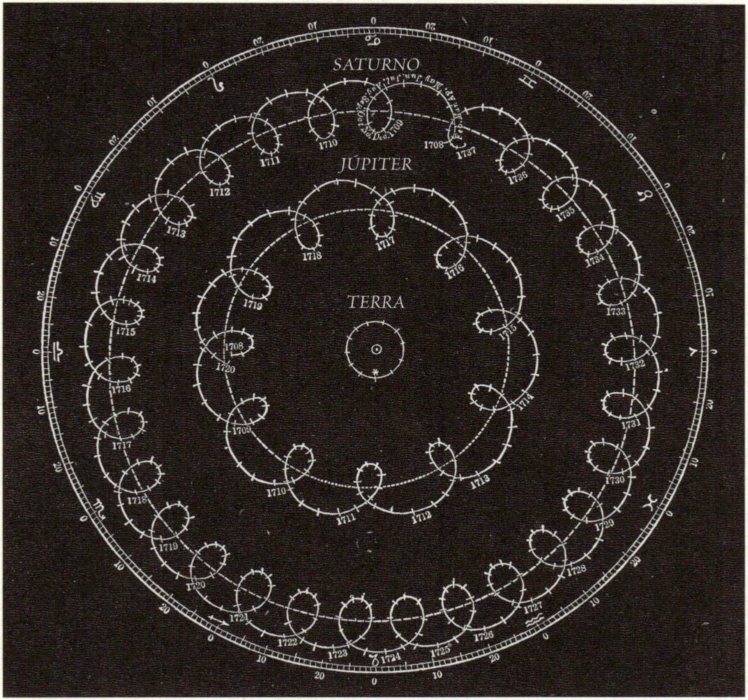

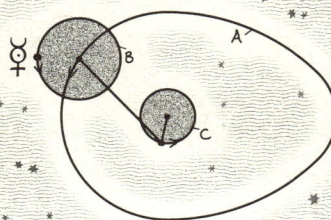

Até quatrocentos anos atrás, os movimentos planetários eram modelados mediante a utilização de um "deferente" (A) e de um "epiciclo" (B). Outros truques refinaram o sistema: aqui um tipo de manivela (C), chamada "excêntrico móvel," produz um deferente em forma de ovo para representar a dança de Mercúrio.

O antigo segredo dos setes
Planetas, metais e dias da semana

Há apenas quatrocentos anos, os diagramas ao lado ainda constituíam a pedra angular do pensamento cosmológico em todo o mundo ocidental, assim como haviam feito por alguns milhares de anos. Atualmente, esses emblemas do sistema septenário da Antiguidade aparecem como lembranças pitorescas de uma cosmologia alquímica, agora enterrada sob planetas recém-descobertos e elementos físicos. Contudo, lancemos um breve olhar sobre a cosmologia de nossos ancestrais e vejamos o que ela nos pode ensinar.

Há sete corpos celestes moventes que são claramente visíveis (que na Antiguidade eram deuses), e que podem ser dispostos em torno de um heptágono, na ordem de sua velocidade aparente em relação às estrelas fixas. A Lua parece mover-se mais rápido, seguida por Mercúrio, Vênus, Sol, Marte, Júpiter e Saturno *(figura superior esquerda)*. Cada corpo celeste foi atribuído a um dia da semana, algo que ainda aparece em muitas línguas (por exemplo, *mercolodi* e *mercredi* para quarta-feira em italiano e francês). A ordem dos dias foi dada por um heptagrama especial mostrado ao lado *(figura superior direita)*. Em inglês, foram usados os nomes mais antigos de alguns planetas (ou deuses), e, assim, temos *dia de Wotan* [wednesday], *dia de Thor* [thursday] e *dia de Freya* [friday], por exemplo.

Na Antiguidade, os sete planetas correspondiam aos sete metais conhecidos, com seus compostos dando origem a associações de cor. Vênus, por exemplo, foi associado aos verdes e azuis dos carbonatos de cobre. Os estudantes de alquimia frequentemente refletiam sobre essas relações, enquanto forjavam coisas cada vez mais sutis. Por incrível que pareça, o antigo sistema também fornece a ordem *moderna* desses metais por número atômico! Siga o heptagrama mais aberto, ao lado, para ordenar *Ferro* 26, *Cobre* 29, *Prata* 49, *Estanho* 50, *Ouro* 79, *Mercúrio* 80 e *Chumbo* 82 *(figura inferior esquerda, a partir de Critchlow & Hinze)*. A sequência de condutividade elétrica também aparece rodeando externamente esse heptagrama, começando com o chumbo.

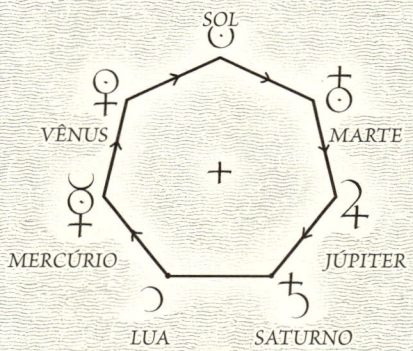

OS SETE CORPOS CELESTIAIS
Comece com a Lua e siga as setas para gerar a "Ordem Caldaica" das esferas.

OS SETE DIAS DA SEMANA
Em francês: Lundi, Mardi, Mercredi, Jeudi, Vendredi... siga as setas novamente.

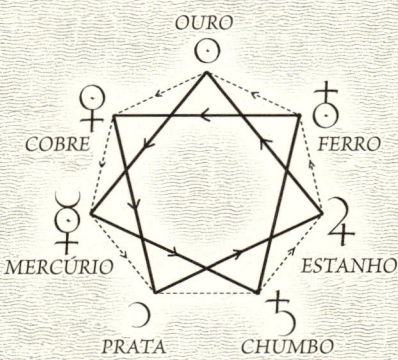

OS SETE METAIS DA ANTIGUIDADE
Comece com ferro e siga as setas para encontrar a ordem dos elementos com número atômico crescente.

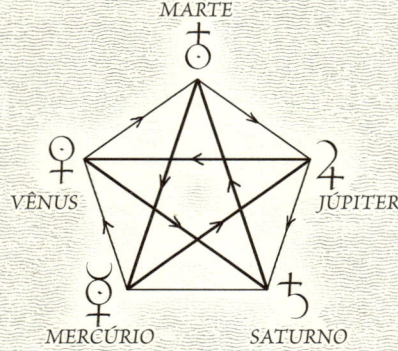

OS CINCO VIAJANTES
Comece com Mercúrio. O movimento ao redor do pentagrama aumenta a distância em relação ao Sol.

Geocêntrico ou heliocêntrico
Terra ou Sol no centro

O extraordinário mundo de Ptolomeu, com os seus epiciclos e deferentes, durou um tempo surpreendentemente longo. Apesar de sua complexidade, ele "salvava as aparências", e também foi dito que salvava almas. Na Grécia antiga, as elipses, que um dia descreveriam as órbitas planetares, foram estudadas pelos primeiros matemáticos, como Apolônio, e já em 250 a.C. Aristarco de Samos propunha um sistema de planetas que orbitavam o Sol. No entanto, não podia ser assim, e por 1.500 anos a Terra permaneceu exatamente como nós a experimentamos – um corpo imóvel no centro do universo, cercado por círculos giratórios. O sistema ptolomaico foi transmitido dos gregos para os árabes e, depois, de volta para o Ocidente mais uma vez.

Os quatro sistemas planetários antigos são apresentados ao lado (*a partir de Koestler*), e cada esfera de cada diagrama deve ser entendida como tendo sua própria ligação de epiciclos e excêntricos.[2] Apesar de ter colocado o Sol no centro de seu sistema (*figura superior esquerda*), em 1543, Copérnico permaneceu epiciclista convicto, aumentando o número de rodas invisíveis, a partir das 39 de Ptolomeu, até a espantosa quantidade de 48 rodas. No final do século XVI, Tycho Brahe,[3] contrariamente à evidência de Kepler, tentou desesperadamente manter a Terra estacionada no centro do universo (*figura inferior esquerda*), no momento em que um antigo modelo grego desenvolvido por Heráclides,[4] semelhante a uma versão posterior de Erígena, procurava um consenso.

O modelo moderno do sistema solar está retratado na figura inferior (*ao lado*). Ela apresenta os planetas (incluindo um asteroide, Ceres) orbitando o Sol no espaço. Cada planeta tem uma "concha" orbital, um pouco mais grossa que as outras. Esse modelo básico foi idealizado por Johannes Kepler em 1596, e é a suas ideias que nos voltamos a partir de agora.

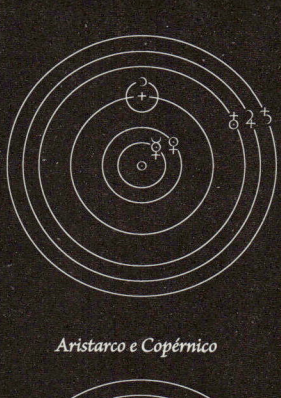
Aristarco e Copérnico

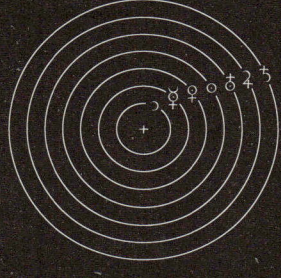
Ptolomeu

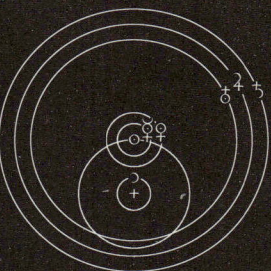
Tycho Brahe

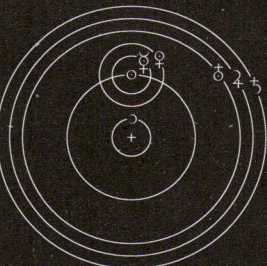
Heráclides

Kepler

A VISÃO DE KEPLER
Elipses e sólidos encaixados

Kepler percebeu três coisas a respeito dos movimentos planetários. Em primeiro lugar, ele determinou que as órbitas são elipses (*de modo que a + b = constante; figuras menores ao lado*), com o Sol em um foco. Segundo, ele notou que a área do espaço percorrida por um planeta, em dado momento, é constante. Terceiro, julgou que o período T de um planeta (a extensão de tempo que ele leva para circundar o Sol) se relaciona a R, seu semieixo maior (ou órbita "média"), de modo que T^2/R^3 é uma constante ao longo de *todo* o sistema solar.

Procurando uma solução geométrica ou musical para as órbitas, Kepler observou que seis planetas heliocêntricos significavam cinco intervalos. A famosa solução geométrica experimentada por ele fez com que os cinco *sólidos platônicos* coubessem entre as seis esferas planetárias (*figura detalhada abaixo e maior ao lado*).

Mais recentemente, longe de diminuir a visão de Kepler, as leis de Einstein mostraram, na realidade, que os pequenos efeitos de espaço-tempo, causados pelo movimento mais rápido (e, portanto, mais pesado e com o tempo desacelerado) de Mercúrio, quando está mais próximo do Sol, criam uma rotação de precessão das elipses durante milhares de anos, reforçando, assim, as conchas de Kepler.

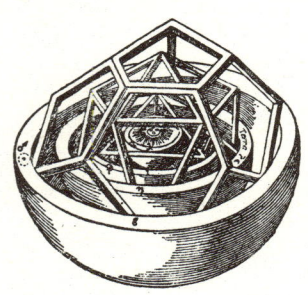

órbita
a + b = constante
foco
Sol
a
b
planeta

$\frac{T^2}{R^3}$ = constante
Semieixo
maior R
Período T

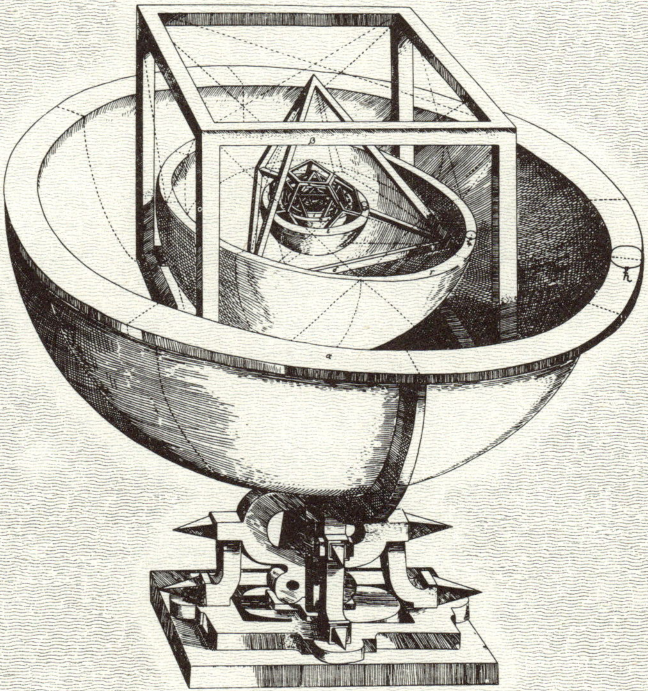

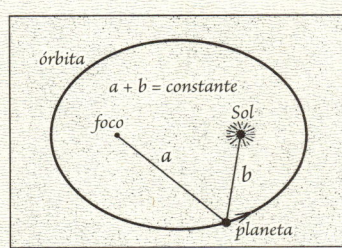

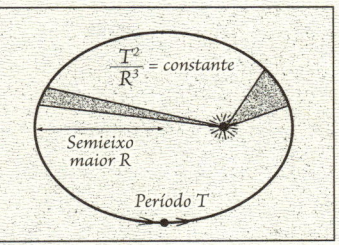

A MÚSICA DAS ESFERAS
Planetas movimentando-se em sintonia

Na antiguidade, as sete notas musicais eram atribuídas aos sete corpos celestes em vários arranjos simbólicos (*topo da imagem ao lado*). Com os seus dados exatos, Kepler começa a calcular com precisão esse tão imaginado mundo de harmonias (*Harmoniae Mundi*). Particularmente, ele notou que as relações entre as velocidades angulares extremas dos planetas eram todas intervalos harmônicos (*centro da imagem ao lado, a partir de Godwin*). Ao longo dessas linhas, em 1968, a pesquisa de A. M. Molchanov revelou todo o sistema solar como uma estrutura quântica "ressonante", com Júpiter como o maestro da orquestra.

Música e Geometria são companheiros íntimos, e a teoria da formação de nebulosas de partículas pentagonais de Carl von Weizsacker, de 1948, sobre a condensação dos planetas (*quadros escuros ao lado, a partir de Murchie & Warshall*) lança ainda mais luz sobre essas órbitas difíceis de compreender. Poderia parecer fantasioso, não fosse pelo fato de que dois pentágonos encaixados (*abaixo à esquerda*) definem não só a concha de Mercúrio (99,4%), mas também o espaço vazio entre Mercúrio e Vênus (99,2%), as órbitas médias relativas da Terra e de Marte (99,7%) e o espaço entre Marte e Ceres (99,8%). Ademais, três pentágonos encaixados (*abaixo à direita*) definem o espaço entre Vênus e Marte (99,6%) e também as órbitas médias de Ceres e Júpiter (99,6%). Um coincidência.

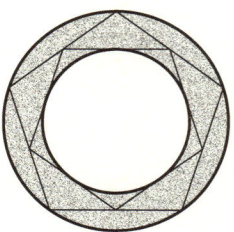
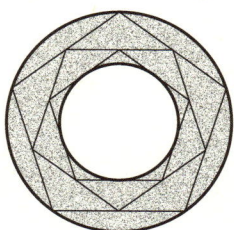

ANTIGO SISTEMA EGÍPCIO

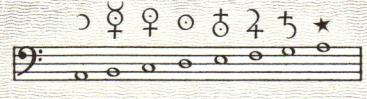
CÍCERO – O SONHO DE CIPIÃO

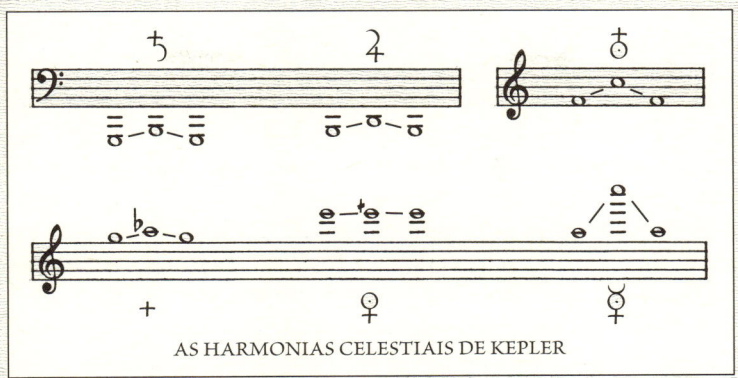
AS HARMONIAS CELESTIAIS DE KEPLER

A LEI DE TITIUS-BODE E OS SÍNODOS
Harmonia e beijos rítmicos

Houve várias tentativas de descobrir um padrão simples nas órbitas e períodos dos planetas. Um gráfico logarítmico básico (*topo, quadro ao lado a partir de Ovendon & Ray*) mostra uma clara ordem subjacente nas órbitas planetárias.

Uma fórmula conhecida é a regra de Titius & Bode (1750): começa-se com 0, passa-se então ao 3 que é dobrado para dar à série 0, 3, 6, 12, 24, 48, 96, 192 e 384. Agora some 4 a cada um, resultando em 4, 7, 10, 16, 28, 52, 100, 196 e 388. Esses resultados se encaixam muito bem nos raios orbitais planetários (com exceção de Netuno). Particularmente, a fórmula previa que faltava um planeta a uma distância de 28 unidades entre Marte e Júpiter, e em 1º de janeiro de 1801 Piazzi descobriu Ceres, o maior dos asteroides[5] no cinturão de asteroides, na órbita correta!

Os períodos dos planetas às vezes ocorrem como simples proporções entre si, sendo um exemplo famoso a proporção de 2:5 entre os dois maiores, Júpiter e Saturno (99,3%). Urano, Netuno e o minúsculo Plutão são especialmente rítmicos e harmônicos, exibindo uma proporção de períodos de 1:2:3, com Urano e Netuno somando-se para produzir Plutão (99,8%).

Como um redemoinho, os planetas internos[6] orbitam o Sol muito mais rápido que os planetas externos, e a tabela (*abaixo, quadro ao lado*) mostra o número de dias entre os beijos, as passagens ou as aproximações dos dois planetas, adequadamente chamados *sínodos*. Será que a Terra sente alguma harmonia? Bem, temos dois vizinhos planetários, Vênus (do lado do Sol) e Marte (do lado do espaço), e os números revelam que beijamos Marte *três* vezes para cada *quatro* beijos de Vênus (99,8%). Assim, um ritmo ultralento de 3:4, ou uma quarta musical profunda, está sendo tocada ao nosso redor *todo* o tempo!

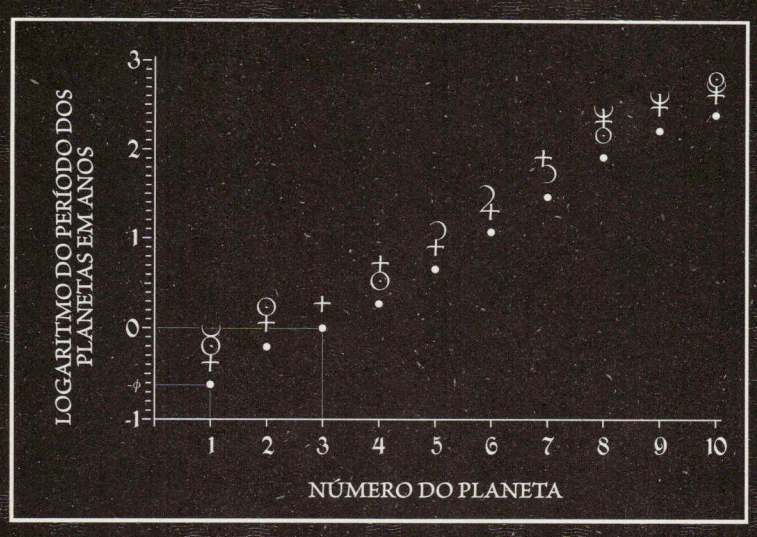

	☿	♀	♁	♂	♃	♄	⛢	♆	♇
☿	∞	144,6	115,9	100,9	92,83	89,79	88,70	88,22	88,10	88,05
♀	144,6	∞	583,9	333,9	259,4	237,0	229,5	226,4	225,5	225,3
♁	115,9	583,9	∞	779,9	466,7	398,9	378,1	369,7	367,5	366,7
♂	100,9	333,9	779,9	∞	1.162	816,5	733,9	702,7	694,9	692,2
♃	92,83	259,4	466,7	1.162	∞	2.744	1.991	1.777	1.728	1.712
♄	89,79	237,0	398,9	816,5	2.744	∞	7.252	5.045	4.669	4.551
⛢	88,70	229,5	378,1	733,9	1.991	7.252	∞	16.570	13.100	12.210
♆	88,22	226,4	369,7	702,7	1.777	5.045	16.569	∞	62.890	46.440
♇	88,10	225,5	367,5	694,9	1.728	4.669	13.100	62.890	∞	179.800
♇	88,05	225,3	366,7	692,2	1.712	4.551	12.210	46.440	179.800	∞

O número de dias entre dois beijos dos planetas

Entendendo o sentido das imagens
Algumas dicas sobre as aparências

Compreender de que maneira os planetas de fato se movem como vistos da Terra não é fácil quando lhe disseram desde a infância que todos eles giram ao redor do Sol. Pare um minuto e pense em como esse movimento se mostra na verdade. Todos os dias, grosseiramente, o Sol atravessa o céu da esquerda para a direita (direita para a esquerda, no hemisfério sul). Mas por trás do céu azul o Sol está, na verdade, movendo-se para a esquerda (para a direita, no hemisfério Sul) muito devagar através das estrelas, levando um ano para retornar à mesma estrela. Enquanto isso, a Lua também se move para a esquerda através das estrelas, completando o círculo em apenas um mês, levando 27,3 dias para retornar a uma estrela, ou 29,5 dias para alcançar novamente o Sol. Olhe mais de perto – Vênus e Mercúrio oscilam em torno do Sol, indo e vindo, enquanto o próprio Sol gira lentamente em seu circuito anual.

Cada *par* de planetas cria uma dança *singular*. Não importa em qual dos dois você esteja, a dança de seu parceiro, ao seu redor, será a mesma. É uma experiência compartilhada. Imagine-se de pé em Vênus: daqui o Sol move-se mais rápido, em direção contrária às estrelas, e Mercúrio está mais perto, girando ao redor do Sol como um *waltzer*[7] em um parque de diversões. Visto de cima o padrão parece um *waltz*, semelhante à dança que Mercúrio faz em torno da Terra (*topo da imagem ao lado*). Terra e Mercúrio beijam-se cerca de 22 vezes em sete anos, embora os gregos antigos também conhecessem um ciclo mais preciso de 46 anos, 145 sínodos. Mercúrio e Vênus estão maravilhosamente em sintonia depois de apenas quatorze beijos.

Nas páginas a seguir depararemos com a "proporção áurea", φ ou *phi*. Esta é uma constante encontrada em todos os pentagramas e também na série de números Fibonacci (*ao lado*). A proporção áurea pode aparecer como 0,618 (φ), 1,618 (Φ), ou 2,618 (Φ^2), e é encontrada em todas as formas de vida animal e vegetal. Como veremos, também ocorre particularmente em torno da Terra.

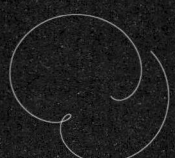  

240 dias   770 dias   2.030 dias

A DANÇA DE MERCÚRIO E DE VÊNUS

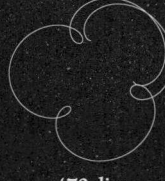 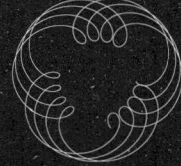 

470 dias   1.390 dias   2.510 dias

A DANÇA DE MERCÚRIO E DA TERRA

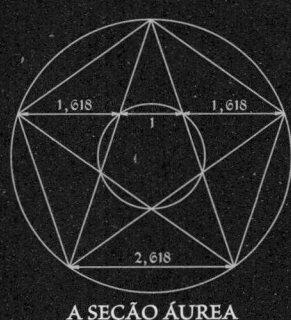

A SEÇÃO ÁUREA

$$1$$
$$0 + 1 = 1 \qquad 1 \div 1 = 1$$
$$1 + 1 = 2 \qquad 1 \div 2 = 0,5$$
$$1 + 2 = 3 \qquad 2 \div 3 = 0,6667$$
$$2 + 3 = 5 \qquad 3 \div 5 = 0,6$$
$$3 + 5 = 8 \qquad 5 \div 8 = 0,625$$
$$5 + 8 = 13 \qquad 8 \div 13 = 0,6154$$
$$8 + 13 = 21 \qquad 13 \div 21 = 0,6190$$
$$13 + 21 = 34 \qquad 21 \div 34 = 0,6176$$
$$21 + 34 = 55 \qquad 34 \div 55 = 0,6182$$
$$34 + 55 = 89 \qquad 55 \div 89 = 0,6180$$

$$1\ 2\ 3\ 5\ 8\ 13\ \ldots \qquad \phi = 0,61803399\ldots$$

OS NÚMEROS DE FIBONACCI

OS PLANETAS INTERNOS
Mercúrio, Vênus, Terra e Marte

O sistema solar é dividido em duas metades por um cinturão de asteroides. A região interna exibe quatro pequenos planetas rochosos orbitando rapidamente o Sol (*ao lado, no centro*), enquanto a metade externa tem quatro enormes e lentos planetas de gás e gelo.

O Sol é predominantemente constituído por hidrogênio e hélio. Uma fábrica de elementos, é também um ímã geométrico fluido gigante, com temperaturas de 15 milhões °C em seu núcleo e 6.000°C na superfície. Ele espalha um vento de partículas por todo o sistema solar, e suas manchas e imensas explosões solares afetam tudo que é eletrônico na Terra. No diagrama (*ao lado, acima*), sua curvatura é pouco visível.

Mercúrio é o primeiro planeta. Em sua maior parte composto por ferro sólido, é um mundo de crateras, sem atmosfera, com uma temperatura de 400°C ao sol e -170°C à sombra.

Vênus é o segundo planeta, um mundo de estufa envolto por nuvens. Na superfície, a temperatura chega a inacreditáveis 480°C, e a atmosfera rica em dióxido de carbono é *noventa* vezes mais densa que a da Terra. Lá uma maçã seria instantaneamente incinerada pelo calor, esmagada pela atmosfera e, finalmente, dissolvida em uma chuva de ácido sulfúrico.

A Terra é o terceiro planeta, o único com vida e uma única lua grande.

Marte é o quarto, um mundo vermelho rochoso, quase glacial. As calotas de gelo cobrem os polos sob uma atmosfera rarefeita. Os leitos de rio sugerem que outrora houve chuva, oceanos e uma atmosfera, mas há tempos já não existem mais. Hoje as tempestades de poeira envolvem regularmente o planeta por dias a fio. Imensos vulcões mortos, um deles três vezes maior que o Monte Everest, são testemunhas de uma época passada. Marte tem duas luas minúsculas, Fobos e Deimos.

Para além de Marte está o Cinturão de Asteroides, dominado por Ceres, e para além dele está o reino dos planetas gigantes externos.

TAMANHOS DOS PLANETAS INTERNOS

INCLINAÇÕES E EXCENTRICIDADES DAS ÓRBITAS DOS PLANETAS INTERNOS

HELIOCÊNTRICO

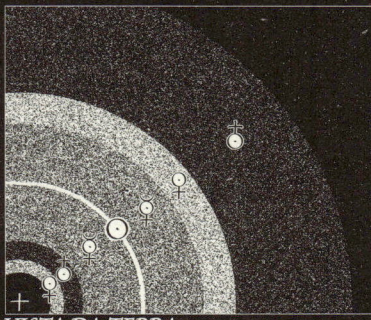

VISTA DA TERRA

AS ÓRBITAS DE MERCÚRIO E DE VÊNUS
Um memorizador muito simples

Sozinho, o primeiro planeta do sistema solar faz algo notável, pois um *dia* em Mercúrio é o equivalente a dois *anos* em Mercúrio, tempo durante o qual o planeta girou em seu próprio eixo exatamente três vezes. A razão desta harmonia ainda é desconhecida. Define-se um dia como o tempo necessário para dado ponto de um planeta giratório voltar-se novamente ao Sol; um ano é o tempo necessário para que o Sol passe em frente a determinada estrela, e o período de rotação é o tempo necessário para que dado ponto do planeta alinhe-se com uma estrela. Em música, a proporção 2:1 é conhecida como oitava, e é definida geometricamente por um triângulo equilátero.

Uma das primeiras coisas que você pode fazer com os círculos é colocar três deles juntos, de forma que todos se toquem. Surpreendentemente, as órbitas dos dois primeiros planetas do sistema solar estão escondidas nesse modelo simples, pois, se a órbita média de Mercúrio passar através dos centros dos três círculos, então Vênus circunda a figura (99,9%). Vênus, deusa do amor e da beleza, tem a órbita mais circular de todo o sistema solar.

Esse é um truque simples de lembrar, pois ele está o tempo todo ao nosso redor, em casa, no *design*, na arquitetura, na arte e na natureza. Cada vez que pegamos três copos ou empurramos três bolas em conjunto, recriamos as órbitas circulares dos dois primeiros planetas, com um grau extraordinário de precisão. Deve haver uma razão para essa bela correspondência entre o ideal e o manifesto, mas ainda não se conhece nenhuma explicação. Talvez um brilhante cientista do século XXI encontre uma resposta – até lá, ela permanece uma "coincidência".

Assim, o primeiro planeta do sistema solar executa as primeiras harmonias e desenha uma das primeiras formas geométricas para produzir sua vizinhança. Começamos com o um, ouvimos um dois e vimos um três.

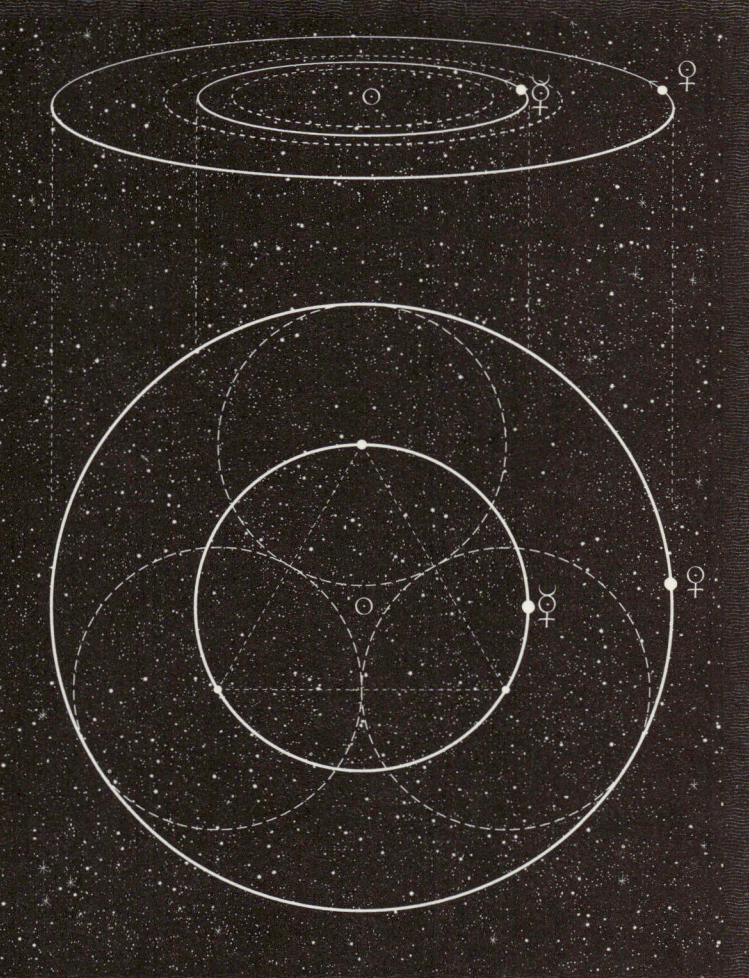

O BEIJO DE VÊNUS
Nossa mais bela relação

Além do Sol e da Lua, o ponto mais brilhante no céu é o planeta Vênus, a estrela da manhã e da noite. É o nosso vizinho mais próximo, e beija-nos a cada 584 dias, quando passa entre a Terra e o Sol. Cada vez que ocorre um desses beijos, Vênus e a Terra alinham-se até dois quintos de um círculo ao redor; assim, desenha-se um pentagrama de conjunções, levando exatamente oito anos (99,9%), ou treze anos venusianos (99,9%), para ser completado. Observe novamente os números de Fibonacci – 5, 8 e 13 – que regulam a maior parte do crescimento vegetal na Terra. Os períodos de Vênus e da Terra também estão intimamente relacionados a Φ:1 (99,6%).

Vista da Terra, essa harmonia aparece como se Vênus rodopiasse em torno do Sol giratório, desenhando um padrão surpreendentemente belo. No diagrama ao lado (*superior*), são mostrados quatro ciclos de oito anos, que resultam em 32 anos. Os pequenos laços se criam quando Vênus, em seu beijo mais próximo e encantador, parece inverter brevemente a direção em relação às estrelas de fundo (*mostrado abaixo, como visto da Terra*).

A natureza quíntupla da dança de Vênus e da Terra estende-se às distâncias mais próximas e mais distantes entre eles. Na imagem ao lado (abaixo), vemos que o *perigeu* e o *apogeu* de Vênus são definidos por dois pentagramas. O corpo do espaço que um desenha ao redor do outro é dimensionado em 1:φ^4 (99,98%).

Todos esses diagramas também se aplicam à experiência que Vênus tem da Terra.

A BELEZA PERFEITA DE VÊNUS
As coisas que não nos ensinam na escola

Com o Sol no centro, olhemos para as órbitas de Vênus e da Terra. A cada dois dias, uma linha é traçada entre os dois planetas (*abaixo à esquerda*). Por orbitar mais rápido, Vênus executa um circuito completo ao mesmo tempo que a Terra executa pouco mais da metade de um circuito (*abaixo no centro*). Se continuarmos a observar por exatos oito anos, aparecerá o padrão completo da imagem ao lado, a versão heliocêntrica da flor de cinco pétalas da página anterior.

A relação entre a órbita externa da Terra e a órbita interna de Vênus – ou seja, as suas *casas* – é dada, de maneira intrigante, por um quadrado (*abaixo à direita*) (99,9%).

Vênus gira muito lentamente em seu próprio eixo, na direção oposta à maioria das rotações no sistema solar. Seu período de rotação é dois terços de um ano terrestre (99,8%), o que equivale a uma quinta musical e ao segundo mais simples intervalo musical depois da oitava. Isso está em estreita harmonia com a dança na imagem ao lado, de modo que, toda vez que Vênus e a Terra se beijam, Vênus tem a *mesma face* voltada para a Terra.

Ao longo dos oito anos terrestres que são necessários para os cinco beijos, Vênus gira sobre o seu próprio eixo doze vezes, em treze de seus anos (*a partir de Kollerstron*). Todos estes são números altamente musicais, bastante exatos e muito belos.

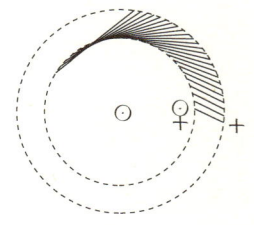 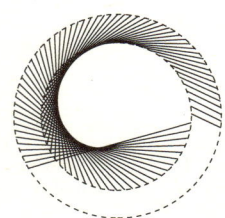 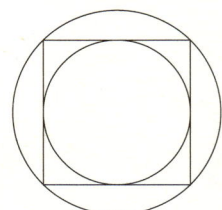

Mercúrio e Terra
Ainda mais números cinco e oito

Os tamanhos físicos de Mercúrio e da Terra estão na mesma relação que suas órbitas médias. Várias camadas quíntuplas e óctuplas são apresentadas na imagem ao lado, mostrando a proporção entre as órbitas *e* os tamanhos dos dois planetas.

O diâmetro da órbita *mais interna* de Mercúrio é sugerido pelo pentagrama inserido no círculo (*imagens ao lado, centro à esquerda*) (99,8%), que também é a distância entre as órbitas médias dos dois planetas (99,8%).

Outro diagrama (*abaixo à direita*) expande os três círculos que se tocam, apresentados na página 21. Oito círculos centrados na órbita de Vênus produzem a órbita média da Terra (99,8%) — como os oito anos necessários para os cinco beijos, talvez?

Mercúrio, Vênus e Terra mostram outras coincidências: se trabalharmos em unidades de raio e período orbitais de Mercúrio, então o período de Vênus multiplicado por Φ^2 equivale ao raio orbital da Terra ao quadrado (99,8%). Outra: o ano sinódico de 115,9 dias equivale a uma lua cheia x Φ^2 x 3/2 (99,8) (segundo Richard Heath).

Caso você se interesse, o único outro exemplo de órbitas de dois planetas que retratam seus tamanhos relativos também envolve a Terra e é mostrado abaixo, uma vez que a órbita e o tamanho da Terra e de Saturno estão relacionadas por uma estrela de 15 pontas, que também dá origem à inclinação da Terra.

Caso você ache que isso é coisa de lunático, não se preocupe, pois acabamos de chegar à própria Lua.

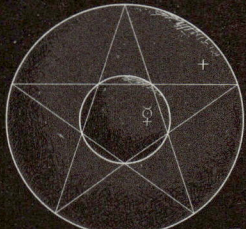 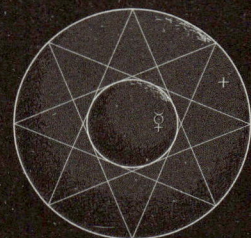

Os tamanhos relativos de Mercúrio e da Terra, definidos por um pentagrama ou por um octograma (99%).

As órbitas relativas de Mercúrio e da Terra, definidas pelo mesmo pentagrama e pelo mesmo octograma (99%).

Outras maneiras mais precisas de desenhar as órbitas internas (99,9%).

O casamento alquímico
A relação de três para onze em todo lugar

A partir da superfície da Terra, o Sol e a Lua parecem do mesmo tamanho. De acordo com a cosmologia moderna essa é "apenas" uma coincidência, mas nenhum sábio antigo lhe teria contado que esse sofisticado equilíbrio entre esses dois corpos primários é a prova clara da perfeição da criação.

De fato, o tamanho da Lua em comparação com a Terra é de 3 para 11 (99,9%). O que isso significa é que, se você atrair a Lua para a Terra, então um círculo celestial que passa pelo centro da Lua terá uma circunferência igual ao perímetro de um quadrado envolvendo a Terra. Os antigos parecem ter tomado conhecimento disso e escondido esse saber na definição da milha (*quadro ao lado, a partir de Mitchell & Ward*).

Essa proporção Terra-Lua também é invocada com precisão por nossos dois vizinhos, Vênus e Marte (*nas figuras abaixo, Vênus aparece dançando em torno de Marte*). A relação entre as distâncias *mais próxima* e *mais distante* que cada um experimenta do outro é, inacreditavelmente, 3:11 (99,9%). Nosso sistema 3:11 entre a Terra e a Lua coincidentemente tem formado a mesma proporção, orbitando entre elas.

Acontece que a relação 3:11 é 27,3%, e a Lua orbita a Terra a cada 27,3 dias, o que equivale ao período de rotação médio de uma mancha solar.

O Sol e a Lua se parecem muito com um casal unido.

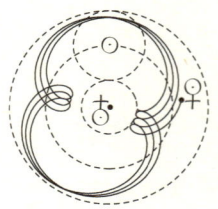
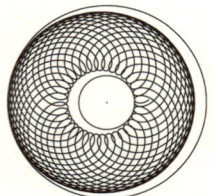
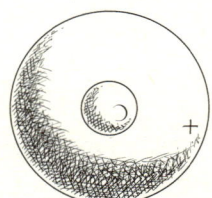

A Lua, um eclipse solar total e o Sol, como vistos da Terra.

O tamanho da Lua e o da Terra fornecem a "quadratura do círculo".
O quadrado e o círculo tracejados têm o mesmo comprimento.

MILHAS DA LUA E DA TERRA

Raio da Lua = 1.080 milhas = 3 x 360 milhas

Raio da Terra = 3.960 milhas = 11 x 360 milhas

Diâmetro da Lua = 2.160 milhas = 3 x 1 x 2 x 3 x 4 x 5 x 6 milhas

Raio da Terra + raio da Lua = 5.040 milhas
= 1 x 2 x 3 x 4 x 5 x 6 x 7 = 7 x 8 x 9 x 10 milhas

Diâmetro da Terra = 7.920 milhas = 8 x 9 x 10 x 11 milhas

Existem 5.280 pés em uma milha
= (10 x 11 x 12 x 13) - (9 x 10 x 11 x 12)

A MAGIA DO CALENDÁRIO
Apenas três números realizam o truque

Imagine que queiramos descobrir o número de luas cheias em um ano (algo entre doze e treze). Desenhe um círculo, de diâmetro igual a treze, com um pentagrama dentro dele. Os braços do pentagrama medirão, então, 12,364, que é quase o número exato (99,95%). Uma forma ainda mais precisa de fazer isso é desenhar o segundo triângulo de Pitágoras (depois de 3-4-5), a série 5, 12 e 13, curiosamente os números do teclado e de Vênus (*página 32*). Dividir o lado de tamanho 5 em sua proporção harmônica 2:3 gera um novo comprimento, $\sqrt{153}$, que é 12,369, ou seja, o número de luas cheias em um ano (99,999%).

A Lua parece acenar-nos para procurar mais. Todos nós sabemos que seis círculos cabem ao redor de um, em uma superfície plana (resultando nos números 6 e 7). E doze esferas envolvem com perfeição uma décima terceira, em nosso familiar espaço tridimensional (nossos já familiares 12 e 13). Parece que estamos nos movendo em grupos de seis. Seria possível que *dezoito* esferas de tempo coubessem ao redor de uma, em uma quarta dimensão de tempo, para resultar 18 e 19? Inacreditavelmente, todos os principais ciclos de tempo atuais, do sistema Sol-Lua-Terra, podem ser expressos como combinações simples dos números 18, 19 e da seção áurea (*página 24*). Seus valores, adicionados ao mágico número 18, produzem 18, 18,618, 19, 19,618 e 20,618, os quais se multiplicam uns pelos outros, como apresentado ao lado, de forma mais misteriosa e mais precisa.

Robin Heath, que descobriu as relações apresentadas nesta página, chama esta característica do sistema Sol-Lua-Terra de *a máquina evolucionária*. Trata-se de uma coincidência sem sentido ou de astrobiofísica do século XXI?

O matemático Benjamin Bryton simplificou recentemente a nova expressão do ano solar de Heath puramente em termos de Φ e de estrutura da escala musical, de maneira que $365,242 = \sum_{5,7,12} (\Phi^n + \Phi^{-n} + 1) = \sum_{6,8,13} (\Phi^n + \Phi^{-n})$.

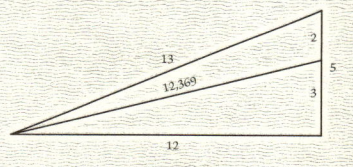

Duas técnicas antigas para encontrar o número de luas cheias em um ano

18 ANOS = O CICLO DE ECLIPSE SAROS (99,83%)
(Eclipses similares ocorrerão após 18 anos.)

18,618 ANOS = REVOLUÇÃO DOS NODOS LUNARES (99,99%)
(Os nodos lunares são os dois lugares onde se cruzam os círculos ligeiramente deslocados das órbitas do Sol e da Lua.)

19 ANOS = O CICLO METÔNICO (99,99%)
(Se houver uma lua cheia em seu aniversário este ano, haverá outra em seu aniversário daqui a 19 anos.)

O ANO DE ECLIPSE = 18,618 X 18,618 DIAS (99,99%)
(O Ano de Eclipse é o tempo que leva para o Sol retornar à mesma posição dos nodos lunares. Tem menos 18,618 dias que um ano solar [99,99%]. Há 19 anos de eclipse em um Saros.)

12 LUAS CHEIAS = 18,618 X 19 DIAS (99,82%)
(12 luas cheias são o ano lunar ou islâmico.)

O ANO SOLAR = 18,618 X 19,618 DIAS (99,99%)
(O ano solar é o ano de 365,242 dias a que estamos acostumados.)

13 LUAS CHEIAS = 18,618 X 20,618 DIAS (99,99%)
(13 luas cheias são mais 18,618 dias após o ano solar.)

Futebol cósmico
Marte, Terra e Vênus espaçados

O próximo planeta depois da Terra é Marte, o quarto planeta. Kepler tentou usar um *dodecaedro* para espaçar as órbitas de Marte e da Terra, e um *icosaedro* para espaçar a Terra de Vênus (*ver página 18*). Coincidentemente, ele estava muito perto de acertar.

O dodecaedro (composto de doze pentágonos) e o icosaedro (composto de vinte triângulos equiláteros) são os dois últimos dos cinco poliedros perfeitos (os *sólidos platônicos*). Rico em relações com seção áurea, eles formam um par, uma vez que cada um cria o outro a partir dos centros de suas faces (*abaixo*). Na imagem ao lado, eles aparecem em forma de bolha dentro da órbita esférica média de Marte. O dodecaedro produz, magicamente, as órbitas de Vênus como a bolha interna (*imagem ao lado, acima*) (99,98%), enquanto o icosaedro define a órbita da Terra através dos centros de suas bolhas (*imagem ao lado, abaixo*) (99,9%).

Nas ciências antigas, o icosaedro era associado com o elemento *água*, e por isso é apropriado vê-lo emanar de nosso planeta aquoso. O dodecaedro representava o *éter*, a força da vida, aqui envolvendo a Terra viva, definida por seus dois vizinhos.

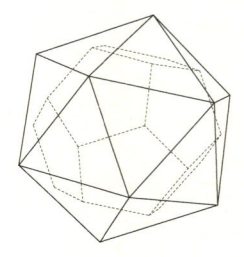

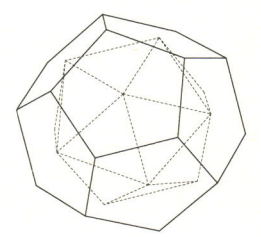

Vênus e Marte

Terra e Marte

O CINTURÃO DE ASTEROIDES
Através do espelho

Alcançamos o fim do sistema solar interno. Além de Marte, encontra-se um espaço particularmente grande e, do outro lado, o enorme planeta Júpiter. É nesse espaço que o Cinturão de Asteroides se encontra, com milhares de pequenas e grandes rochas rolando ao redor do Sol, compostas de sílica, metálicas, carbonosas e outras. Como nas lacunas entre os anéis de Saturno, há espaços que permanecem livres, as *Lacunas de Kirkwood*, onde ocorrem as ressonâncias orbitais com Júpiter. A maior lacuna está na distância orbital, o que corresponderia a um terço do período de Júpiter.

De longe, o maior dos asteroides é Ceres, compreendendo mais de um terço da massa total de todos os demais. Tem aproximadamente o tamanho das Ilhas Britânicas, e produz um padrão *perfeito* de dezoito laços com a Terra (*veja a página 63, acima, à esquerda*).

A Lei de Titius-Bode previu algo à distância do cinturão de asteroides (*veja a página 22*), mas foi Alex Geddes que recentemente descobriu a extraordinária relação matemática entre os quatro pequenos planetas internos e os quatro gigantes gasosos externos. Seus raios orbitais magicamente "refletem" sobre o cinturão de asteroides e multiplicam-se, como mostrado abaixo e ao lado, para produzir duas constantes enigmáticas. Mais uma vez, encontramo-nos examinando um padrão simples que conseguimos explicar.

Vênus x Urano = 1,204 *Mercúrio x Netuno*
Mercúrio x Netuno = 1,208 *Terra x Saturno*
Terra x Saturno = 1,206 *Marte x Júpiter*

Vênus x Marte = 2,872 *Mercúrio x Terra*
Saturno x Netuno = 2,876 *Júpiter x Urano*
(*Vênus x Marte x Júpiter x Urano* = *Mercúrio x Terra x Saturno x Netuno*)

É improvável que o cinturão de asteroides seja formado por restos de um planeta pequeno, já que nenhum corpo de tamanho considerável poderia ter sido formado tão próximo a Júpiter.

O cinturão de asteroides separa os quatro pequenos planetas rochosos internos dos quatro grandes externos.

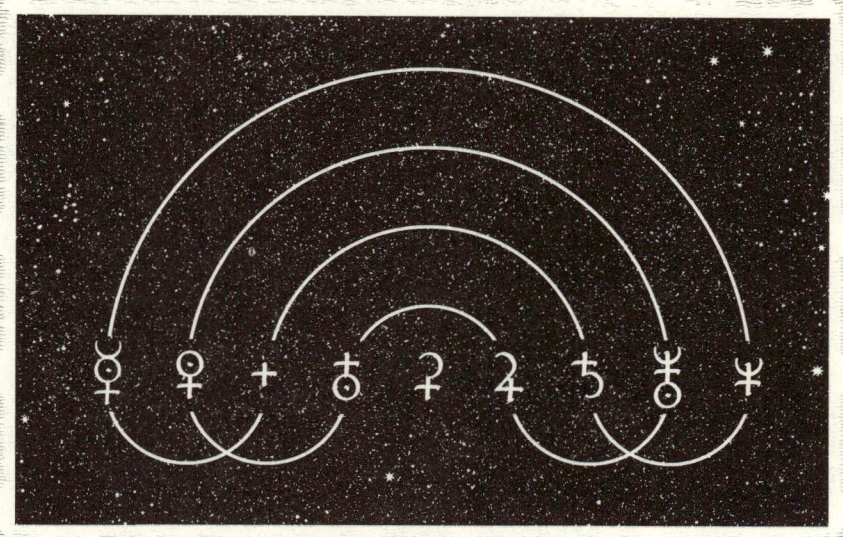

O padrão de Multiplicações Mágicas de Geddes.

Os planetas externos
Júpiter, Saturno, Urano, Netuno e além

Além do cinturão de asteroides, chegamos ao reino dos gigantes de gás e gelo: Júpiter, Saturno, Urano e Netuno.

Júpiter é o maior planeta, e seu campo magnético é o maior objeto no sistema solar. Apesar de seu tamanho vasto, ele gira em seu próprio eixo em apenas dez horas. Com 90% de hidrogênio, ele é, no entanto, construído em torno de um núcleo rochoso, como todos os planetas gigantes. Hidrogênio metálico e hidrogênio líquido circundam esse núcleo. A famosa Mancha Vermelha é uma tempestade, maior que a Terra, que se tem intensificado por centenas de anos. As luas de Júpiter são numerosas e fascinantes: uma das quatro maiores, Io, é o corpo mais vulcânico no sistema solar; outra, Europa, pode ter oceanos de água quente por baixo de sua superfície gelada.

Saturno, com seu belo sistema de anéis, é o segundo maior planeta. Sua estrutura abaixo das nuvens é praticamente a mesma mistura de hidrogênio e hélio em torno de um núcleo rochoso, tal como Júpiter. Descobriu-se um grande número de luas, sendo Titã a maior delas: um mundo do tamanho de Mercúrio, com todos os elementos essenciais à formação da vida, com exceção da água e do calor.

Para além de Saturno está Urano, que orbita ao seu lado. Lá, rajadas de vento passam sobre o equador a uma velocidade de 6 mil vezes a velocidade do som.

A seguir vem Netuno, que, como Urano, é um mundo gelado de água, amônia e metano. Sua maior lua, Tritão, tem calotas de gelo de nitrogênio e gêiseres que expelem nitrogênio líquido, em alto grau, na atmosfera.

Finalmente, o pequeno Plutão, com sua grande lua Caronte, e, para além dele, o enxame primordial do Cinturão de Kuiper, de onde provavelmente veio Plutão. Por fim, estendendo-se a um terço do caminho para a estrela mais próxima, encontra-se a esfera de detritos gelados e cometas da Nuvem de Oort, abrigo para os cometas que de vez em quando chovem em direção ao Sol, irrigando os planetas internos.

Tamanhos dos planetas externos

Inclinações e excentricidades das órbitas dos planetas externos

Heliocêntrico

Vista a partir da Terra

Quatro
Marte, Júpiter e luas enormes

Um cinturão de asteroides e 550 milhões de quilômetros separam as órbitas de Marte e de Júpiter, uma distância maior do que toda a órbita da Terra. Júpiter é o primeiro e o maior dos gigantes de gás, o aspirador de pó do sistema solar. Se ele tivesse reunido somente um pouco mais de material, durante a sua longa e contínua formação, suas pressões internas o teriam transformado em uma estrela, e nós teríamos um segundo sol.

O diagrama superior, na imagem ao lado, mostra uma maneira simples de desenhar as órbitas de Marte e Júpiter, a partir de quatro círculos que se tocam ou de um quadrado (99,98%). Como a imagem na página 26, é uma proporção comum derivada dos círculos abarcados. Abaixo, nesta página, é apresentado um padrão da mesma família, que posiciona o espaço das órbitas médias da Terra e de Marte (99,9%).

Júpiter tem quatro luas particularmente grandes, descobertas por Galileu em 1610. As duas maiores, Ganímedes e Calisto, são do tamanho do planeta Mercúrio e produzem um dos padrões de espaço-tempo mais perfeitos do sistema solar. Um observador que vivesse em qualquer dessas duas luas experimentaria os movimentos da outra, no espaço e no tempo, como o belo diagrama de quatro laços apresentado ao lado.

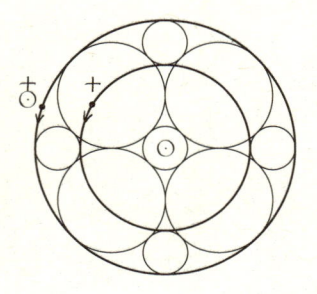

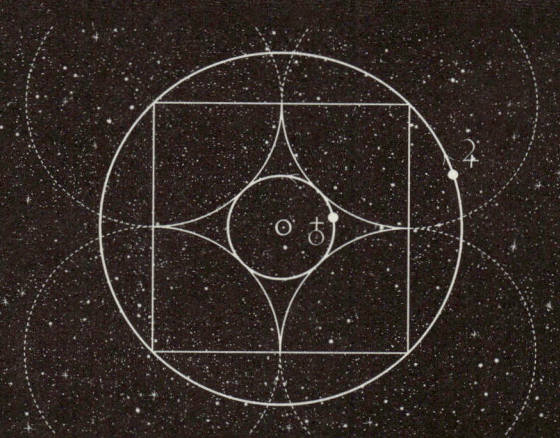

Como desenhar com precisão as órbitas médias de Marte e de Júpiter

A bela dança de Ganímedes e Calisto

LUAS EXTERNAS
Padrões harmônicos

Quatro grupos de luas orbitam Júpiter. Os dois primeiros grupos têm quatro luas cada um e, juntos, parecem-se muito com um modelo de todo o sistema solar: quatro corpos internos pequenos, seguidos por quatro gigantes. Este segundo grupo, de quatro luas grandes, as *Galileanas*,[8] é ainda dividido em dois pequenos mundos rochosos, Io e Europa, seguidos por duas luas maciças de gás e gelo do tamanho de planetas, Ganímedes e Calisto (*ver página anterior*). A imagem abaixo mostra exatamente como algumas dessas luas são grandes.

O predomínio do número 4 em torno de Júpiter é impressionante. Cada um dos quatro grupos tem o seu próprio tamanho geral de lua, seu plano orbital, período e distância de Júpiter (e até a soma das inclinações dos quatro planos orbitais dos quatro grupos resulta em um quarto de círculo [99,9%]).

Saturno tem mais de trinta luas, a maioria delas pastoreando[9] e ajustando os incríveis anéis aos corpos maiores, que tendem a estar mais para fora. Muito além dos anéis de Saturno, no entanto, encontram-se três luas: a gigante Titã,[10] a minúscula Hipérion e, ainda mais longe, Jápeto.

Na imagem ao lado são apresentados alguns padrões harmônicos: dois experimentados pelas maiores luas de Júpiter, dois experimentados pelas luas externas de Saturno e dois pelos planetas externos do sistema solar. Olhando essas imagens não se pode senão sentir a harmonia desses planetas.

Europa e Io

Europa e Ganimedes

Titã e Hipérion

Titã e Jápeto

Urano e Netuno

Netuno e Plutão

O SELO GIGANTE DE JÚPITER
Hexagramas imensos e asteroides assertivos

Júpiter, o maior dos planetas, era o rei dos deuses antigos, Zeus para os gregos. Uma característica encantadora de sua órbita é seu par de agrupamentos de asteroides, os *Troianos*, que se movem ao redor da órbita de Júpiter, 60° à frente dele e 60° atrás (*imagem ao lado*). Esse trio move-se perpetuamente em torno do Sol, como se mantido no lugar pelos raios de uma roda. Os grupos de Troianos se dão nos *Pontos de Laplace*, onde o Sol, Júpiter e os próprios Troianos formam triângulos equiláteros equilibrados de modo gravitacional.

Só por diversão, se juntarmos agora os raios, como indicado na imagem ao lado, então três hexagramas podem ser vistos produzindo a órbita média da Terra a partir de Júpiter (99,8%) – um truque muito fácil de lembrar. As órbitas relativas da Terra e de Júpiter estão à espreita em cada cristal.

Exatamente a mesma proporção pode ser recriada ao agrupar esfericamente três cubos, três octaedros ou qualquer combinação tripla desses dois sólidos dentro da esfera da órbita de Júpiter (*as duas possibilidades mostradas abaixo*), com a esfera pequena no meio da órbita da Terra.

Essa disposição da geometria hexagonal não se limita a Júpiter. Fotografias recentes do polo norte de Saturno revelaram uma estranha característica hexagonal, 24 mil quilômetros adiante, que se estende por 96 quilômetros em suas nuvens.

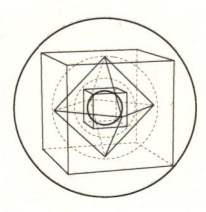

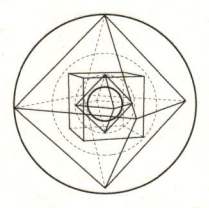

Troianos

Troianos

T

T

O RELÓGIO DE OURO
Júpiter e Saturno vistos da Terra

Júpiter e Saturno são os dois maiores planetas do sistema solar e governam as duas esferas externas do sistema antigo. Na mitologia grega, Saturno era Cronos, o Senhor do Tempo.

Os dois gigantes dançam em volta um do outro maravilhosamente numa relação-período waltz de 5:2 (*na página ao lado, à esquerda*). A bela harmônica tríplice é imediatamente aparente, girando devagar por causa da pequena falha na harmonia. A partir da Terra, esse padrão é visto tanto como um triângulo de conjunções, com 20 anos de distância, quanto como um triângulo de oposições, que juntos formam um hexagrama (*acima, à direita*).

Júpiter e Saturno fazem coisas incríveis quando vistos da Terra. O diagrama na parte inferior da página ao lado, em estado bruto, mostra uma dessas. Começamos com os três planetas numa linha vertical antes de distinguirem-se. A Terra orbita muito mais rápido do que os planetas externos e faz um circuito solar anual completo (365,2 dias) antes de alinhar-se de novo com o lento Saturno para um sínodo depois de 378,1 dias. Três semanas depois ele se alinha com Júpiter (depois de 398,9 dias). A seção áurea é aqui definida no tempo e no espaço com grande precisão (99,99%). Não chega a ser surpreendente descobrir que os dois gigantes de nosso sistema solar reforçam a proporção da vida na Terra.

Outra harmonia enigmática é mais calendárica. Muitos calendários religiosos usam o ano lunar de 12 meses lunares como ciclo fundamental – os calendários judaico e islâmico são dois exemplos. Este ano lunar, com duração de 354,4 dias, está relacionado ao ano sinódico de Júpiter como 8:9 (99,9%), e ao de Saturno como 15:16 (99,9%) (*segundo Richard Heath*). Mais uma vez, essas duas proporções são fundamentais na música, como o tom e o semitom, respectivamente.

A Terra e a Lua, portanto, derivam a vida e a música dos gigantes.

A dança de Júpiter e Saturno

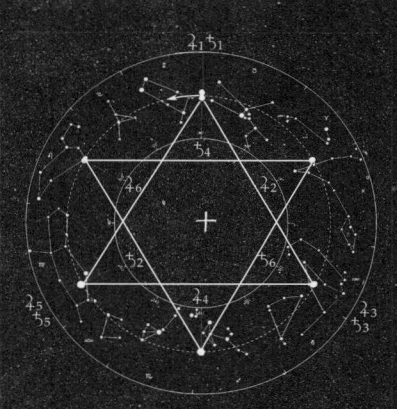

Conjunções e oposições

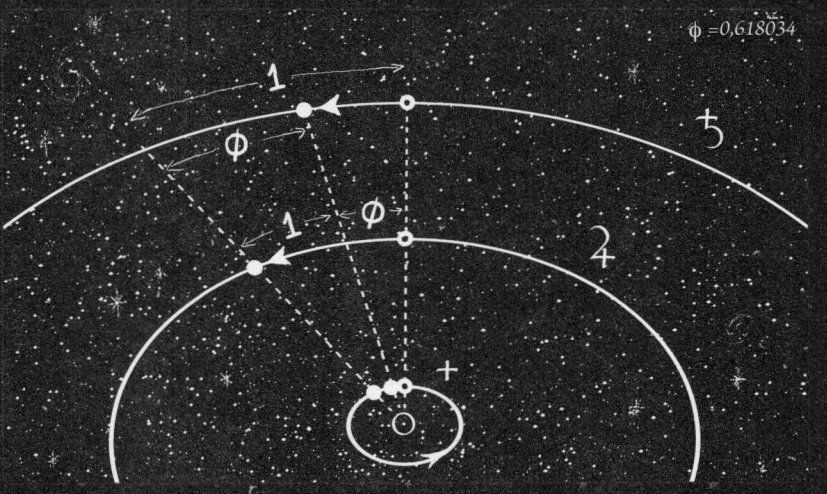

$\phi = 0{,}618034$

Os sínodos de Júpiter e Saturno definem a proporção áurea

OITAVAS LÁ FORA
Três e oito novamente

Se você quiser incorporar, em algum momento, as órbitas de Júpiter, de Saturno e de Urano ao *design* de uma janela ou de um piso, o diagrama ao lado pode ajudar. Um triângulo equilátero e um octagrama tornam proporcionais as órbitas exterior, média e interna dos três maiores planetas. Algumas pequenas imprecisões são visíveis, mas o ajuste é excelente, de forma geral, memorável e adequado para muitas finalidades práticas. É uma inversão pontiaguda da solução, com círculos que se tocam, apresentada para os três primeiros planetas (*ver página 35, abaixo, à direita*).

Uma maneira de representar a oitava musical (uma redução pela metade, ou uma duplicação da frequência ou comprimento de onda) é mediante um triângulo equilátero, uma vez que o círculo inscrito no triângulo tem metade do diâmetro do círculo que o contém.

Curiosamente, as órbitas de Júpiter e Saturno estão na proporção 6:11 (99,9%), duas vezes 3:11, a relação de tamanho entre a Lua e a Terra (*página 36*).

A órbita de Saturno também invoca π ou "*pi*" – duas vezes (*abaixo*). Seu raio é a circunferência da órbita de Marte (99,9%), e sua circunferência é o diâmetro da órbita de Netuno (99,9%). Agora você pode desenhar o sistema solar.

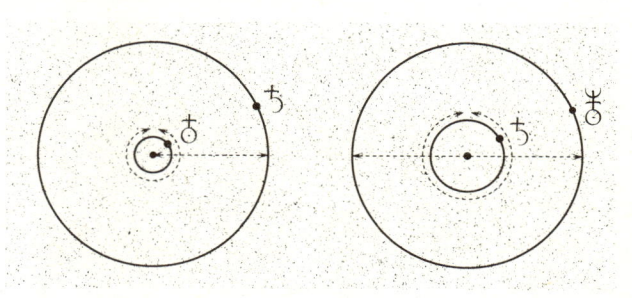

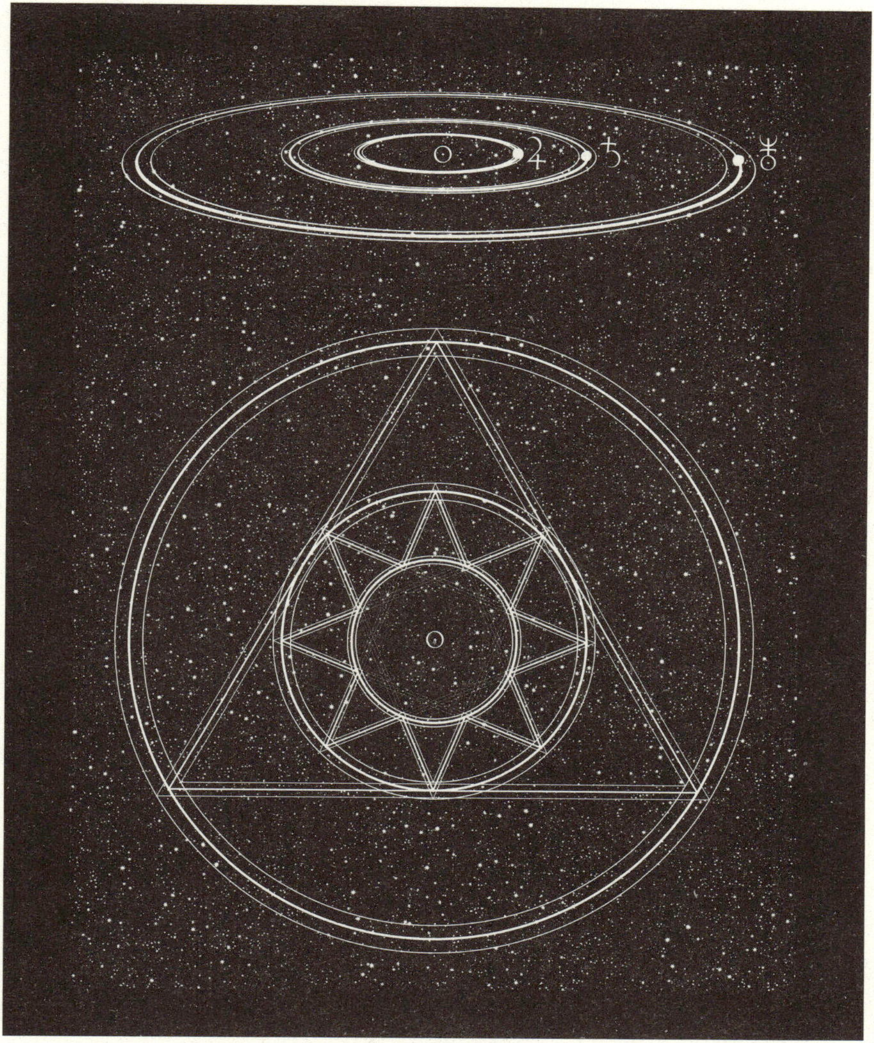

Geometria galáctica
Às estrelas e mais além

Harmonia e geometria se estendem até aos pequenos detalhes dos planetas externos. Urano e Netuno, assim como Saturno, têm sistemas de anéis com espaços livres a distâncias Kirkwood, onde as partículas orbitam em períodos harmônicos com uma ou mais luas. O brilhante anel exterior de Urano tem um diâmetro duas vezes maior do que o do próprio Urano (99,9%), ecoando as órbitas de Urano e Saturno; e o anel mais íntimo de Netuno é dois terços do tamanho de seu anel mais afastado (99,9%). Essas proporções invocam, de forma bela, o tempo local, já que o período orbital de Netuno é o dobro do período de Urano, e o de Urano é dois terços do de Plutão – um reflexo externo da proporção harmônica interna 1:2:3 que vimos com Mercúrio.

Uma das simetrias mais incríveis da cosmologia moderna diz respeito à Via Láctea (o plano de nossa galáxia). Ela está inclinada a quase exatamente 60° para a eclíptica (o plano de nosso sistema solar) (99,7%). Para nosso espanto, todo ano o Sol cruza a galáxia através de seu centro galáctico e, de modo notável, estar vivo nesses períodos significa que isso acontece no solstício de inverno. O sólido geométrico que mais se adequa aos fatos é o cuboctaedro, a forma básica do cristal.

Na figura idealizada (*ao lado*), o solstício de inverno na Terra é mostrado sobreposto à esfera estelar, ligeiramente inclinada de volta ao plano horizontal da eclíptica. Vale a pena estudar o diagrama.

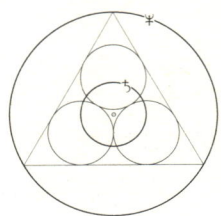

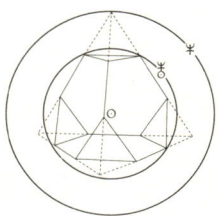

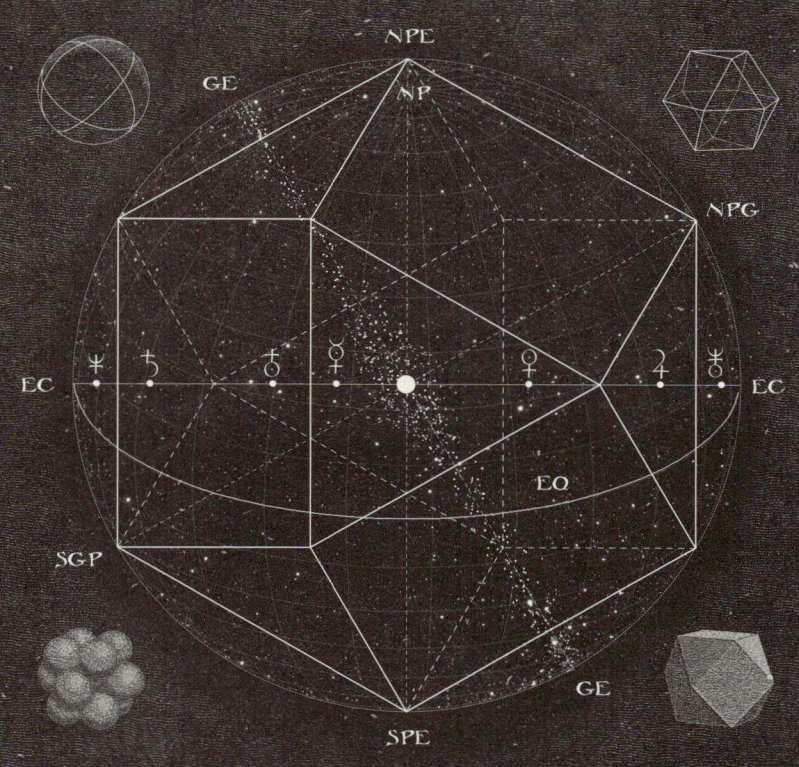

NPE – Polo Norte da Eclíptica (PNE)
GE – Equador Galáctico (EG)
NP – Polo Norte da Terra (PN)
NPG – Polo Norte de nossa Galáxia (PNG)
EC – Eclíptica, Caminho do Sol
EQ – Equador da Terra
SGP – Polo Sul de nossa Galáxia (PSG)
SPE – Polo Sul da Eclíptica (PSE)

É solstício de inverno, e o Polo Norte da Terra é inclinado para longe do Sol, que está bem na frente do centro de nossa galáxia. Os polos da eclíptica e da galáxia definem quatro pontos de um hexágono no espaço que nos rodeia.

A ASSINATURA ESTRELADA
Evidência circunstancial da vida na Terra

Apesar de todas as descobertas científicas dos últimos séculos, possivelmente ainda estamos tão longe de compreender o que fazemos aqui quanto estavam os antigos de construir uma calculadora de bolso. Todavia, os filósofos antigos refletiram profundamente sobre a consciência e sustentaram que a vida, ou a alma, era particularmente semelhante às artes da geometria e da música. Por meio dessas artes, investigaram cuidadosamente a relação entre o "Uno" e os "escolhidos", pois na música há somente certo número de notas em sintonia, e na geometria há apenas algumas formas que se encaixam. Kepler, Newton, Einstein e outros, até hoje, buscavam relações simples e belas na natureza, e então as expressavam como equações sempre que podiam.

Este livro mostrou exemplos simples e belos de harmonia e geometria no sistema solar. A seção áurea, há muito associada com a vida, e visivelmente ausente das equações modernas, brinca graciosamente em torno da Terra. Isso tem algo que ver com o motivo por que estamos aqui, quando estamos aqui, e com o que de fato devemos ser? E, se assim for, essas técnicas podem ser usadas para localizar vida inteligente em outros sistemas solares?

Se alguma vez precisarem recordar que pode haver um pouco mais de magia em nossas origens do que a cosmologia moderna ofereceu até o momento, lembrem-se do beijo de Vênus e das palavras de John Donne:

> *Man hath weav'd out a net, and this net throwne*
> *upon the Heavens, and now they are his owne.*
> *Loth to goe up the Hill, or labour thus*
> *to goe to Heaven, we make Heaven come to us.*[11]

Sirius

Orion

Plêiades

66°

SOL E PLANETAS

	Periélio (10^6 km)	Órbita média (10^6 km)	Afélio (10^6 km)	Excentricidade	Inclinação de órbita (graus)	Longitude do periélio (graus)	Período orbital (dias)	Ano tropical (dias)
Sol ☉	–	–	–	–	–	–	–	–
Mercúrio ☿	46,00	57,91	69,82	0,205631	7,0049	77,456	87,969	87,968
Vênus ♀	107,48	108,21	108,94	0,006773	3,3947	131,53	224,701	224,695
Terra +	147,09	149,60	152,10	0,016710	0	102,95	365,256	365,242
Marte ♂	206,62	227,92	249,23	0,093412	1,8506	336,04	686,980	686,973
Ceres ⚳	446,60	413,94	381,28	0,0789	10,58	???	1.680,1	1.679,5
Júpiter ♃	740,52	778,57	816,62	0,048393	1,3053	14,753	4.332,6	4.330,6
Saturno ♄	1.352,2	1.433,5	1.514,5	0,054151	2,4845	92,432	10.759,2	10.746,9
Quíron ⚷	1.266,2	2.050,1	2.833,9	0,38316	6,9352	339,58	18.518	18.512
Urano ⛢	2.741,3	2.872,46	3.003,6	0,047168	0,76986	170,96	30.685	30.589
Netuno ♆	4.444,4	4.495,1	4.545,7	0,0085859	1,7692	44,971	60.190	59.800
Plutão ♇	4.435,0	5.869,7	7.304,3	0,24881	17,142	224,07	90.465	90.588

LUAS (uma seleção)

	Nome do satélite	Raio orbital médio (10^3 km)	Período orbital (dias)	Excentricidade de órbita	Inclinação de órbita (graus)	Diâmetro (média) (km)	Massa (10^{18} kg)
Terra +	Lua	348,8	27,3217	0,0549	5,145	3.475	73.490
Marte ♂	Fobos	9,378	0,31891	0,0151	1,08	22,4	0,0106
	Deimos	23,459	1,26244	0,0005	1,79	12,2	0,0024
Júpiter ♃	Io	421,6	1,7691	0,004	0,04	3.643	89.330
	Europa	670,9	3,5512	0,009	0,47	3.130	47.970
	Ganimedes	1.070	7,1546	0,002	0,21	5.268	148.200
	Calisto	1.883	16,689	0,007	0,51	4.806	107.600
Saturno ♄	Tétis	294,66	1,8878	<0,001	1,86	1.060	622
	Dione	377,40	2,7369	0,0022	0,02	1.120	1.100
	Reia	527,04	4,5175	0,0010	0,35	1.528	2.310
	Titã	1.221,8	15,945	0,33	0,33	5.150	134.550
	Jápeto	3.561,3	79,330	0,0283	14,7	1.436	1.590

Período de rotação (horas)	Duração média do dia (horas)	Diâmetro equatorial (km)	Diâmetro polar (km)	Inclinação axial (graus)	Massa (10^{24} kg)	Volume (10^{12} km^3)	Gravidade da superfície (m/s^2)	Pressão da superfície (bars)	Temperatura (média) (°C)
600–816	–	1.392.000	1.392.000	7,25	1.898.100	1.412.000	274,0	0,000868	5.505
1407,6	4222,6	4.879,4	4.879,4	0,01	0,3302	0,06083	3,70	negl.	167
-5832,5	280,20	12.103,6	12.103,6	177,36	4,8685	0,92843	8,87	92	464
23,934	24,000	12.756,2	12.713,6	23,45	5,9736	1,08321	9,78	1,014	15
24,623	24,660	6.794	6.750	25,19	0,64185	0,16318	3,69	0,007	-65
9,0744	9,0864	960	932	var.	0,00087	0,000443	negl.	negl.	-90
9,9250	9,9259	142.984	133.708	3,13	1.898,6	1.431,28	23,12	100+	-110
10,656	10,656	120.536	108.728	26,73	568,46	827,13	8,96	100+	-140
5,8992	5,8992	208	148	???	0,000006	0,000024	negl.	negl.	???
-17,239	17,239	51.118	49.946	97,77	86,832	68,33	8,69	100+	-195
16,11	16,11	49.528	48.682	28,32	102,43	62,54	11,00	100+	-215
-153,29	153,28	2.390	2.390	122,53	0,0125	0,00715	0,58	negl.	-223

LUAS (continuação)

	Nome do satélite	Raio orbital médio (10^3 km)	Período orbital (dias)	Excentricidade de órbita	Inclinação de órbita (graus)	Diâmetro (média) (km)	Massa (10^{18} kg)
Urano ♅	Miranda	129,39	1,4135	0,0027	4,22	235,7	66
	Ariel	191,02	2,5204	0,0034	0,31	578,9	1.340
	Umbriel	266,30	4,1442	0,0050	0,36	584,7	1.170
	Titânia	435,91	8,7059	0,0022	0,14	788,9	3.520
	Oberon	583,52	13,463	0,0008	0,10	761,4	3.010
Netuno ♆	Proteu	117,65	1,1223	0,0004	0,55	193	3
	Tritão	354,76	-5,8769	0,000016	157,35	2.705	21.470
	Nereida	554,13	360,14	0,7512	7,23	340	20
Plutão ♀	Charon	19,6	6,3873	<0,001	<0,01	1.186	1.900

Somente as grandes luas dos gigantes gasosos foram consideradas nas tabelas acima. Em 2001, eram conhecidas 28 luas em torno de Júpiter, 30 em torno de Saturno, 21 em torno de Urano e 8 em torno de Netuno. Provavelmente há muitas mais. Há 29,5306 dias entre as luas cheias na Terra. A cosmologia pode melhorar seriamente a sua saúde.

DANÇAS DOS PLANETAS

MERCÚRIO – VÊNUS	MERCÚRIO – TERRA	MERCÚRIO – MARTE
MERCÚRIO – CERES	MERCÚRIO – JÚPITER	MERCÚRIO – SATURNO
VÊNUS – TERRA	VÊNUS – MARTE	VÊNUS – CERES
VÊNUS – JÚPITER	VÊNUS – SATURNO	TERRA – MARTE

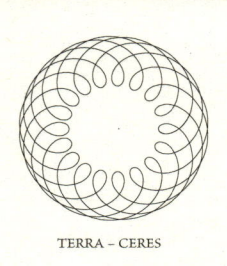

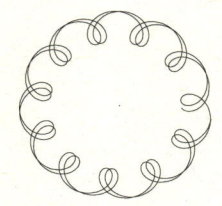

TERRA – CERES	TERRA – JÚPITER	TERRA – SATURNO
TERRA – URANO	MARTE – CERES	MARTE – JÚPITER
MARTE – SATURNO	MARTE – QUÍRON	CERES – JÚPITER
CERES – SATURNO	CERES – QUÍRON	JÚPITER – SATURNO

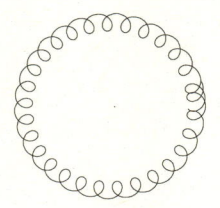

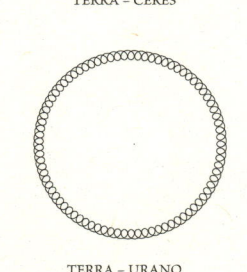

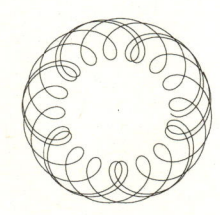

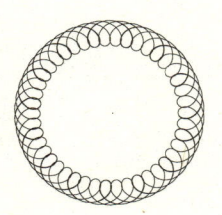

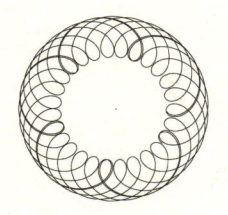

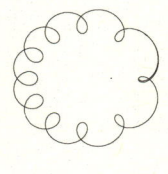

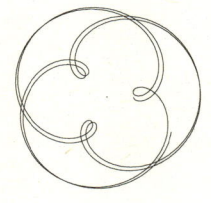

JÚPITER – URANO	JÚPITER – NETUNO	JÚPITER – PLUTÃO
SATURNO – URANO	SATURNO – NETUNO	SATURNO – PLUTÃO
QUÍRON – URANO	QUÍRON – NETUNO	QUÍRON – PLUTÃO
URANO – NETUNO	URANO – PLUTÃO	NETUNO – PLUTÃO

Notas da Tradutora

[1] Giovanni Domenico Cassini (1625-1712), matemático e astrônomo francês de origem italiana.

[2] Um tipo de *deferente* – círculo ou esfera – utilizado nesses sistemas astronômicos antigos para conduzir um planeta em torno da Terra ou do Sol.

[3] Astrônomo dinamarquês considerado um dos representantes mais prestigiosos da chamada "ciência nova", a ciência renascentista que abrira uma brecha no sólido edifício construído pela Idade Média. Continuando o trabalho iniciado por Copérnico, estudou detalhadamente as fases da Lua e compilou muitos dados, que serviriam mais tarde a Johannes Kepler para descobrir uma harmonia celestial existente no movimento dos planetas – um padrão que ficou conhecido como *Leis de Kepler*. Abandonando a tradição ptolomaica para chegar a novas conclusões pela observação direta, as observações de Tycho sobre a posição das estrelas e dos planetas alcançaram uma precisão impressionante, sem paralelo na época, apesar de ele ter precedido a invenção do telescópio. Ele não defendia a teoria heliocêntrica de Copérnico, mas propôs um sistema em que os planetas giravam em torno do Sol, enquanto este orbitava a Terra. Referência: Arthur Koestler, *The Sleepwalkers: A History of Man's Changing Vision of the Universe*. Hutchinson, 1959 (reimpresso por Arkana, 1989).

[4] Filósofo e astrônomo grego (século IV a.C.), discípulo de Platão, foi o primeiro a afirmar o movimento de rotação da Terra, idealizando um sistema em que Mercúrio e Vênus giravam ao redor do Sol, e este em torno da Terra. Defendia a ideia de que a Terra, localizada no centro do universo, executava um movimento de rotação em torno de si mesma no período de um dia.

[5] Um *planeta menor* é um asteroide, um pequeno corpo celeste do sistema solar, também chamado *planeta anão*.

[6] Também chamados planetas *telúricos* ou *sólidos* (em inglês, *terrestrial planets*), são os planetas rochosos mais próximos do Sol (e por isso situados no Sistema Solar Interior): Mercúrio, Vênus, Terra e Marte. São mais densos que os chamados planetas gasosos, mais distantes do Sol – Júpiter, Saturno, Urano e Netuno.

[7] A palavra foi mantida no original porque, embora a tradução literal seja "valsista", o autor refere-se *especificamente* a um brinquedo com esse nome, encontrado em parques de diversão em todo o mundo, composto por certo número de carros que podem rodar livremente em torno do próprio eixo, enquanto giram ao redor de um ponto central, como um carrocel. O piso do brinquedo não é plano, de forma que os carros sobem e descem suavemente, enquanto ele gira; e o peso específico das pessoas que ocupam os carros faz com que cada um deles rode de maneira imprevisível.

[8] Ou *Luas de Galileu*, assim chamadas por terem sido descobertas por Galileu Galilei.

[9] As luas "pastoras" ou *guias* são pequenas luas que orbitam perto das bordas externas dos anéis ou, ainda, dentro de lacunas nos anéis. A gravidade de uma *lua-guia* serve para manter uma aresta bem definida no anel; e o material que flutua mais próximo de sua órbita é desviado de volta para o corpo do anel, ejetado para fora do sistema ou acrescido à própria lua. Referência: Gunter Faure e Teresa M. Mensing, *Introduction to Planetary Science: The Geological Perspective*. Springer, 2007.

[10] Também chamada *Saturno VI*, é o maior satélite de Saturno, e o segundo maior de todo o sistema solar, depois de Ganímedes.

[11] "O homem teceu uma rede, e essa rede lançou
sobre os céus, e agora eles são seus.
Relutantes em subir a colina, ou assim trabalhar
para chegar ao Céu, fazemos o Céu vir até nós."

VOCÊ TAMBÉM PODERÁ SE INTERESSAR POR:

Os Sólidos Platônicos e Arquimedianos — O Pequeno Guia do Espaço Tridimensional
Daud Sutton

O que acontece quando o espaço se cristaliza?
Por que os sábios antigos ficavam fascinados com as cinco formas "perfeitas"?
Um quebra-cabeça tridimensional pode encaixar-se adequadamente? Em caso afirmativo, como?
Descubra uma das linguagens faladas em todo o universo – a linguagem da geometria.
Compreender os sólidos platônicos e seus primos próximos, os sólidos arquimedianos, há muito tempo era um requisito para que estudantes entrassem nas antigas escolas de sabedoria. Este livro, ilustrado pelo autor, é uma bela introdução ao espaço matemático tridimensional.

facebook.com/erealizacoeseditora   twitter.com/erealizacoes   instagram.com/erealizacoes   youtube.com/editorae

issuu.com/editora_e   erealizacoes.com.br   atendimento@erealizacoes.com.br